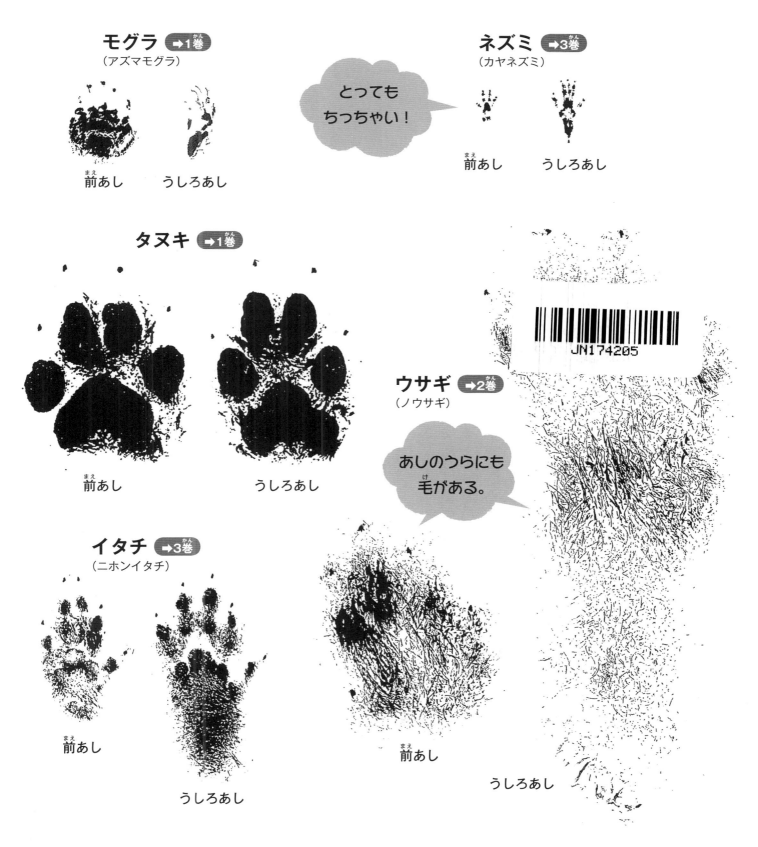

クイズでさがそう！
生きものたちのわすれもの
③ 水辺

監修／小宮輝之
（上野動物園元園長）
編／こどもくらぶ

はじめに

右の写真は、東京のある保育園の前の道路に
ペンキでえがかれたあしあとの絵です。
「これなあに？」
「ネコさんのあしあとよ」
「おうちにかえったのかな」
「ほら、指がこっち向いているでしょ。出てきたのよ」
子どもたちと先生の会話が聞こえてきそうです。

右の写真は、どんな生きもののあしあとでしょう。
ネコではありませんよ。ある野生の生きもののあしあとです。
あしあとがついた場所は、道路の横にあるみぞ。
じつはこの道路も東京にあります（→1巻5ページ）。東京のような
大都会にも、いろいろな生きものたちがくらしているのです。
野生の生きものたちは、人間のいるところには
なかなか出てきません。夜しか動かない生きものも多く、
すがたはあまり見られません。
でも、そうした生きものたちがのこしていったものを
発見することはよくあります。

このシリーズ「生きものたちのわすれもの」は、あしあとや食べのこし、
うんちなど、いろいろな生きものがのこしていったものを見て、
どんな生きものがのこしていったのかを、たんけんする本です。
つぎの3巻で構成しています。

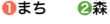❶まち　❷森　❸水辺

「わすれものをしたわすれんぼうは、だれかな？」「どんなすがたをしているのかな？」
想像するだけで、わくわくします。
さあ、みんなでたのしく、「わすれもの」と「わすれんぼう」をさがしにいきましょう。

※ この本でいう「わすれもの」とは、あしあとや食べのこし、うんちのほか、巣やたまごなど、その生きものがいた証拠となるもの全般をさします。

この本のつかいかた

この本では、生きものたちがのこした「わすれもの」をクイズ形式でしょうかいします。
クイズはQ1〜Q7までの7つ。どのクイズからちょうせんしてもかまいませんよ。

問題のページ
クイズのヒント。
写真が「わすれもの」に関するクイズになっている。
答えの解説。
答えとなる生きものの、基本的な情報。

めくると

答えと解説のページ
クイズの答え。
生きもののあしのうらにすみをつけて、紙にうつしとった「あしたく」。指の形や、前後のあしのちがいなどがわかる。
この生きものがのこす、いろいろな「わすれもの」や、生きものについての情報。
「わすれもの」をのこした「わすれんぼう」（生きもののすがた）。
ほかの生きものとの比較。

本文より少し発展した内容の関連情報。

いろいろ情報
さらにくわしい知識や、おもしろい「わすれもの」をしょうかい。

資料編
「わすれもの」について調べる上で役に立つ情報を掲載。

3

もくじ

- **Q1** これはヒキガエルの「わすれもの」。ここはどこ？ 5ページ
- **Q2** これはなんだろう？ 9ページ
- **Q3** これはなんだろう？ 13ページ
- **Q4** だれのあしあと？ 15ページ
- **Q5** 葉っぱの上の羽。だれの「わすれもの」？ 19ページ
- **Q6** だれのあしあと？ 21ページ
- **Q7** だれの巣かな？ 25ページ

水辺の生きものいろいろ情報

- 水のなかで見つかる「わすれもの」 …… 8
- 水辺のは虫類と両生類 …… 12
- 鳥の歩きかた …… 18
- まぼろしのカワウソ …… 24
- 海辺で見つかる「わすれもの」 …… 28

資料編　いろいろな「水辺」 …… 30
　　　　さくいん …… 31

Q1

これはヒキガエルの「わすれもの」。ここはどこ？

①海のなか　②池のなか　③草むらのなか

長さは数メートルもあるよ。

A ②池のなか

長いひも状のまくにおおわれたたまご

5ページの「わすれもの」は、ヒキガエルのたまご。ヒキガエルは、水の流れがあまりない、池や田んぼにたまごをうみます。たまごは、卵のうという、数メートルにもなるひも状のまくにおおわれています。卵のうのなかの黒い丸ひとつひとつがたまごです。卵のうには、たまごを衝撃から守る役目があります。

ヒキガエルのうんち

ヒキガエルのうんちは、水っぽくてねっとりしています。食べたもののこりかすなどはあまり見あたりません。

ヒキガエルのうんち（ほんものとおなじ大きさ）。

! ヒキガエルは、いのちの危険を感じると、毒のあるしるを出すことがある。らんぼうにあつかわないように。

ヒキガエルってこんな生きもの

分類 両生類　**食べもの** 昆虫やミミズ、クモなど
すむ場所 おたまじゃくしは池や田んぼなどでくらすが、おとなになると林や畑にすみ、たまごをうむときに水辺にやってくる　**行動** 夜行性

※ 東日本にはアズマヒキガエル、西日本にはニホンヒキガエルがいる。右の写真はすべてアズマヒキガエル。

毒を出すところ

ヒキガエルのおたまじゃくし（たまごからふ化しておとなになるまでのすがた）。

くらべてみよう！ カエルのたまご

おなじカエルでも、卵のうの形や、たまごをうむ場所はさまざま。

モリアオガエルは、あわにつつまれたたまごを水辺の木のえだにうむ。

ヤマアカガエルは、ヒキガエルとおなじで、池や田んぼに産卵する。卵のうはひも状ではなく、かたまりになっている。

カジカガエルは、水のきれいな川の上流から中流にすみ、大きな石の下側に、たまごをはりつけるようにうむ。

7

水のなかで見つかる「わすれもの」

水のなかには、カエルのたまごのほかにも、いろいろな「わすれもの」があります。

アユの食べあと

アユは、川底の石に口をこすりつけて、石についた藻類※を食べる。石には、藻類がけずられたあとがのこる。　※光合成をする原生生物の総称。おなじなかまにワカメなど。

左上の石の黒く見える部分が、アユの食べあと（泳いでいるのがアユ）。

サンショウウオのたまご

サンショウウオは、きれいな川にすみ、卵のうにつつまれたたまごを、水のなかにうむ。

卵のうのなかの細長い白っぽいものは、たまごからかえったばかりのサンショウウオ。

タニシの通ったあと

タニシは、田んぼやため池などにすむ巻き貝。タニシがどろの上を通ると、うねうねしたもようがのこる。

タニシの通ったあとがたくさんついた、田んぼのそばの用水路。丸いのがタニシ。

クイナのあしあと

クイナは、川や池の近くのやぶなどにすむ鳥。水ぎわを歩いてえさをさがすため、どろの上にたくさんのあしあとをのこす。

川辺についたクイナのあしあと。

A カメのたまご

しめった土のなかにうむ

カメのメスは、春から初夏にかけて、水辺のしめった土をあしでほり、白いたまごをうみます。この時期、産卵場所をもとめ、水辺を歩きまわるカメのすがたが見られます。産卵のあとは、右ページの写真のように、たまごに土をかけて、うめてしまいます。

カメのあしあと

カメは、田んぼや川辺のぬかるんだ土に、きれいにそろった2列のあしあとをのこします。あしあとのあいだについた細い線は、しっぽを引きずったあとです。

田んぼにのこされたカメのあしあと。

カメの「あしたく」
ほんものの5分の4の大きさ

前あし　　うしろあし

前あしもうしろあしも5本指。皮ふがうろこ状になっている。

くらべてみよう！
池や川で見つかるカメ

日本の池や川で見つかるカメは、だいたいつぎの4種類。見わけるポイントを見てみよう。

クサガメ
こうらにキールという3本のもりあがりがある。

ミシシッピアカミミガメ
目のうしろが赤い。北アメリカから来た外来種。

イシガメ
こうらが黄色っぽく、うしろ側のふちがギザギザしている。

スッポン
鼻がとがっている。こうらがやわらかく凹凸が少ない。

カメってこんな生きもの

分類 は虫類　**食べもの** 小さな魚やエビ、カニ、おたまじゃくし、水草など　**すむ場所** 池や川、ぬま、田んぼなど　**行動** 昼行性

※ここでしょうかいしているのは、クサガメという種類。

カメが日光浴する理由

公園の池などでは、晴れた日にカメが陸に上がって日光浴しているのがよく見られる。これには、おもに3つの理由があるといわれている。

①日光をあびて体をあたためるため。
②日光にふくまれる紫外線をあびることで、こうらの成長にかかせないビタミンDを得るため。
③体をかわかすことで、皮ふにつく寄生虫や菌をへらしたり、こうらに藻が生えるのをふせいだりするため。

日光浴をするカメたち。

水辺のは虫類と両生類

水辺には、多くのは虫類と両生類の生きものがすんでいます。ちがいを見てみましょう。

は虫類

たまごからうまれたときに、すでにおとなとおなじすがたをしている。体の表面はうろこ状で、かわいている。

カメ
こうらは、骨と皮ふがくっついてできたもの。

トカゲ
トカゲもカメとおなじで、日光浴をよくする。

ヘビ
体をくねらせて泳ぐこともできる。

両生類

たまごからうまれたときは、あしがなく、尾で泳ぐが、だんだんあしが生える。体の表面はしめりけがある。

カエル
うまれたときは尾があるが、成長するうちにだんだん短くなり、おとなになるとなくなる。

イモリ
池などにすむ。名前の由来は、「井戸を守る」という意味の「井守」といわれている。

サンショウウオ
西日本にすむオオサンショウウオ（上の写真）は、世界最大の両生類で、国の特別天然記念物に指定されている。

Q3 これはなんだろう？

①ザリガニのぬけがら　②ザリガニの死がい

川の底に落ちていたよ。

A ① ザリガニのぬけがら

ぬけがらは半透明

ザリガニは、脱皮をすることで成長します。用水路や、川の流れがゆるやかなところに、半透明のエビのからのようなものが落ちていたら、それはザリガニのぬけがらです。ただし、ザリガニは自分のぬけがらを食べてしまうこともよくあります。

ザリガニの巣のなかが見えるよう、土を切った断面の写真。

ザリガニの巣

ザリガニは、川辺などのやわらかい土をほって、巣をつくります。巣の深さは、1mに達することもあります。ただし、入口は土でふさいでしまうので、巣を見つけるのはかんたんではありません。

ザリガニってこんな生きもの

分類 甲殻類
食べもの 小魚、昆虫、水草など
すむ場所 川や池のほか、用水路や田んぼなど
行動 夜行性

※ 日本全国でよく見られるのは、外来種のアメリカザリガニ。上の写真もアメリカザリガニ。

A ①カモ

水かきのついたあし

カモのあしには、水をかいて泳げるよう、指と指のあいだに水かきがついているため、あしあとにも、水かきのあとがのこります。歩きかたは、うちまた（あしの先が内側に向く）です。

カモのたまご

カモは水辺のしげみにかれ草や羽毛を集めて巣をつくり、そこにたまごをうみます。

カモのたまご。

カモの親子。ひなは親鳥のあとを泳ぐ。

カモってこんな生きもの

分類　鳥類　　食べもの　植物の種や水草など　　すむ場所　川や池、湖などの近くのほか、海辺にもすむ　　行動　おもに夜行性

※日本全国で一年中見られるのは、カルガモという種類。この写真もカルガモ。

鳥のあし

鳥のあしは、くらしかたによって特徴がある。サギやツルなど、水のなかを歩いて移動する鳥は、深いところも歩けるよう、あしが長い。また、水かきはない。水をかいて泳いで移動するカモなどは、あしが比較的短く、水かきがある。水草にかくれてくらすバンという鳥は、あしの指が長く、体重を分散することで、水草の上を歩くことができる。

コサギ

水底のどろをさぐってえさを食べるカルガモ。

水草の上にのっているバンの子ども（親も水草にのる）。

鳥の歩きかた

鳥の歩きかたには、大きくわけて2種類あります。
歩きかたも、鳥を見わけるときのヒントになります。

「ぴょんぴょん」歩き

両あしをそろえてはねる歩きかた。おもに木の上でえさをさがす小鳥に見られる。スズメ、シジュウカラなど。

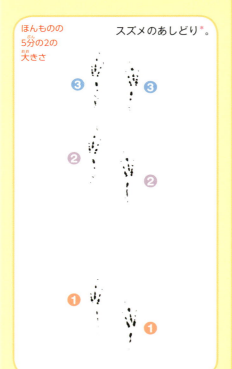

スズメのあしどり*。
ほんものの5分の2の大きさ

「てくてく」歩き

左右のあしを交互に出す歩きかた。おもに地上でえさをさがす鳥に見られる。ハト、セキレイ、サギ、カモなど。

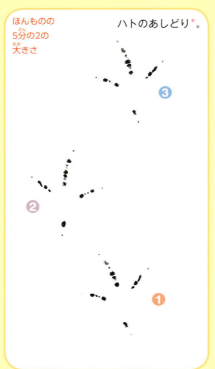

ハトのあしどり*。
ほんものの5分の2の大きさ

カラスの歩きかた

カラスはぴょんぴょん歩きも、てくてく歩きもできる。左右のあしを前後にずらしてはねる、独特の歩きかたをすることもある。

カラスのあしどり*。
ほんものの5分の1の大きさ

＊ これらは、鳥のあしのうらにすみをつけて、紙の上を歩かせてとった「あしたく」。

A ② カワセミ

水をはじく羽

カワセミの羽は、青緑色でかがやいて見えるのが特徴です。かがやいて見えるのは、羽が特殊な構造をしていることによります（シャボン玉がいろいろな色に見えるのとおなじ現象）。また、カワセミは、尾羽のつけねから出るあぶらを羽にぬることで、羽が水をはじくようにしています。

水に飛びこんで魚をとらえたカワセミ。羽が水をはじくので、水に飛びこんでもびしょぬれにならない。

カワセミってこんな生きもの

分類	鳥類
食べもの	小魚のほか、水のなかにいる虫やエビなど
すむ場所	川や池、湖などの近くのほか、海辺にもすむ
行動	昼行性

カワセミの「ペリット」

カワセミは、魚を丸ごと飲みこんで食べますが、うろこや骨などは消化できません。そのため、これを体のなかでかたまりにして、はきだします。これを「ペリット」といいます。

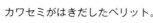

カワセミがはきだしたペリット。

A イタチのあしあと

5本指のあしあと

イタチのあしあとは、5本の指のあとがのこることと、前あしのあしあとと、うしろあしのあしあとがほとんどおなじ形をしていることが特徴です。イタチは川辺でカエルや小鳥、魚などをつかまえて食べるため、あしあとは川辺のぬかるんだ土の上でよく見つかります。

イタチってこんな生きもの

- **分類** ほ乳類
- **食べもの** カエルや小鳥、ネズミのほか、魚やザリガニなど
- **すむ場所** 川や田んぼなどの水辺
- **行動** 夜行性

※ 日本各地にもともといるニホンイタチのほかに、西日本の平地には外来種のチョウセンイタチがいる。右の写真はニホンイタチ。

イタチの「あしたく」
ほんものの4分の3の大きさ

前あし **うしろあし**

前あしもうしろあしも5本指。指の上の点てんはつめのあと。

イタチのうんち

イタチのうんちは、細長いのが特徴です。食べた魚の骨や、鳥の羽がふくまれていることもあります。自分の存在をほかのイタチに知らせるために、わざと目立つところにうんちをする習性があります。

川辺に落ちているイタチのうんち。

「イタチの最後っぺ」

イタチのおしりには、「こう門腺」という器官がある。イタチは敵におそわれたとき、ここから、とてもくさく、強い刺激をもつ黄色い液体を出して敵をひるませ、身を守る。このことから、こまったときにせっぱつまって最後の手段をつかうことを、「イタチの最後っぺ」というようになった。

けいかいして丸くなっているイタチ。

まぼろしのカワウソ

カワウソはイタチのなかまで、かつて日本中の水辺で見られた、水辺の代表的な生きものでした。しかし、今では、日本のカワウソは絶滅してしまいました。

日本にいたカワウソ

日本にはもともと、ニホンカワウソという、日本にしかいないカワウソがすんでいた。しかし、毛皮をとるためにつかまえられたり、川の水がよごれてすめなくなったりして、数が激減。1979年に高知県で目撃されたのを最後に、すがたが見られなくなり、環境省が2012年に絶滅種に指定した。

カワウソとまちがえられる生きもの

今でも「カワウソを見た！」という目撃情報が出ることがあるが、ざんねんながら、ちがう生きものの見まちがいばかり。よく見まちがえられるのは、イタチのほか、ミンクやヌートリアなどの外来種だ。もともと日本にいなかったが、外国からもちこまれ、ミンクは北海道に、ヌートリアは西日本にくらしている。

野生化したミンク。もともとペットだったものが、すてられたり、にげたりしてふえてしまった。

1979年に高知県で撮影されたニホンカワウソ。現在、動物園などにいるのは、東南アジアや南アジアに生息するコツメカワウソが多い。　提供：四国自然史科学研究センター　撮影：鍋島昭一

カワウソとおなじく泳ぎが得意なヌートリアは、カワウソによく見まちがえられる。

A ③ カヤネズミ

細長い葉でつくる巣

カヤネズミは、川辺に生えるススキやアシなどの葉をあんで、直径10cmほどのボール形の巣をつくります。カヤネズミは葉の上を歩けるほど体重が軽いので、こうした巣をつくることができます。初夏、ひくいところにつくられた巣は、植物が成長することで、位置が高くなり、台風などによる川の増水で流されたり、ヘビなどの天敵におそわれたりしにくくなります。

イネの穂が実るころにつくられたカヤネズミの巣。この写真のカヤネズミは、はく製。

カヤネズミってこんな生きもの

分類 ほ乳類　**食べもの** イネやススキなどの植物の種、小さな昆虫など
すむ場所 川や田んぼなどの水辺の草むら　**行動** 昼間も夜も活動する

カヤネズミのうんち

カヤネズミは、日本にすむネズミのなかでもっとも小さいネズミです。うんちもとても小さく、長さ2〜3mmほど。草むらに落ちているので、なかなか見つけることはできません。

カヤネズミの「あしたく」
ほんものとおなじ大きさ

前あし

うしろあし

小さいあしだが、草をしっかりつかむことができる。草の上を移動するときは、あしだけではなく、しっぽもつかう。

カヤネズミのうんち（ほんものの2倍の大きさ）。

くらべてみよう！　「ネズミ」のうんち

水辺には、カヤネズミのほかにも、いろいろな「ネズミ」がくらしている。うんちの形はにているが、その大きさや、うんちをする場所はさまざま。ネズミのうんちを見てみよう。

ハタネズミ

ハタネズミは、地面にトンネルをほって生活し、草や野菜の根を食べる。長さ5〜6mmくらいの黒っぽいうんちを、トンネルの出入口などにまとめてする。

ドブネズミ

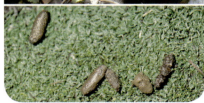

ドブネズミは、人間の食べのこしなどを食べる。うんちは長さ1cmくらいで、下水道などにのこされる。

カワネズミ

提供：アクア・トトぎふ

カワネズミはきれいな川の上流にすみ、泳いで魚などをとらえる。名前は「ネズミ」だが、モグラのなかま。うんちは川辺の岩にのこされる。

27

海辺で見つかる「わすれもの」

これまで、川や池などで見つかる「わすれもの」を見てきましたが、海辺にもいろいろな生きものたちの「わすれもの」があります。

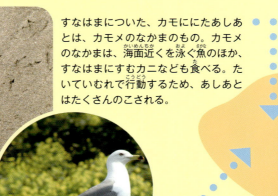

すなはま

すなはまについた、カモににたあしあとは、カモメのなかまのもの。カモメのなかまは、海面近くを泳ぐ魚のほか、すなはまにすむカニなども食べる。たいていむれで行動するため、あしあとはたくさんのこされる。

カモメのなかまのウミネコ。

すなはま

たくさんの小さなすなのかたまりが、もようのようになっていたら、コメツキガニの「わすれもの」。コメツキガニは、こうらがはば1cmほどのカニ。すなを口に入れてえさをこしとって食べ、のこったすなをだんご状にして巣あなのまわりにすてる。

すなはま

すなの上についたもようは、オカヤドカリのあしあと。オカヤドカリは、あしをこまかく動かして歩く。

堤防

海辺に落ちていたカモメのペリット。カモメのなかまは、魚を丸ごと食べ、消化できないうろこや骨をかためて、ペリットとしてはきだす（カワセミとおなじ→20ページ）。ペリットは、カモメが休けいにつかう、堤防などで見つかる。

すなはま

すなはまに落ちていたちゃわんのようなものは、ツメタガイがたまごとすなをまぜあわせてかためたもの。ツメタガイは、アサリなどの二枚貝を食べる巻き貝で、この「わすれもの」は「すなぢゃわん」とよばれている。春から夏に見られる。

岩場

岩場にはりついている、うずまき状のきしめんのようなものは、ウミウシのたまご。海水のなかにうみつけられるが、潮が引いたときに、海岸で見られることもある。春から夏に見られる。

すなはまや岩場

すなはまや岩場にラーメンのめんのようなものが打ちあげられていたら、それはアメフラシのたまご。春から初夏に見られ、「海ぞうめん」とよばれている。

茶色いものがアメフラシ。危険を感じると体から紫色の液体を出し、雨雲のように広がることから、この名がついた。

29

資料編

いろいろな「水辺」

この本では、川や池のほか、田んぼや用水路なども、水辺と考えています。それぞれの水辺の特徴をまとめておきましょう。

●川（上流） 下流にくらべてあさく、水が冷たくてきれい。川はばはせまく、流れがはやい。数メートルほどの大きな石が多い。

●川（中流） 深さや流れのはやさは、上流と下流の中間。数十センチメートルほどの大きさの石が多い。

●川（下流） 上流にくらべて深く、水がよごれている。川はばは広く、流れがゆっくり。数センチメートルほどの小さな石や、すなが多い。

●池 深さはさまざまだが、水の流れがあまりない。

●用水路 あさく、水がよごれていることが多い。植物などは少ない。

●田んぼ あさく、水底はどろ。水の流れがあまりない。

●海（すなはまや干がた） すなやどろにもぐってくらす生きものが多い。

●海（岩場） 潮の満ち引きで潮だまりができる。

30

さくいん

あ行

あしあと ………… 8、10、15、16、21、22、28
あしたく ……… 10、18、22、27
アズマヒキガエル ……………6
アメフラシ…………………29
アメリカザリガニ …………14
アユ………………………8
池…………6、7、8、10、11、12、14、16、20、30
イシガメ …………………10
イタチ ……………22、23、24
イタチの最後っぺ …………23
イモリ……………………12
岩場…………………29、30
ウミウシ…………………29
海ぞうめん…………………29
ウミネコ…………………28
海辺……………16、20、28、29
うんち ………………6、23、27
オオサンショウウオ ………12
オカヤドカリ………………28
おたまじゃくし …………6、11

か行

外来種 …………10、14、22、24
カエル …………………7、12、22
カジカガエル………………7
カメ………………10、11、12
カモ…………16、17、18、28
カモメ…………………28、29
カヤネズミ…………………26、27
カラス……………………18
カルガモ………………16、17

か行（続き）

川…………7、8、10、11、14、16、20、22、24、26、27、30
カワウソ…………………24
カワセミ…………………20、29
カワネズミ…………………27
クイナ……………………8
クサガメ……………10、11
甲殻類……………………14
こうら …………10、11、12、28
コサギ……………………17
コメツキガニ………………28

さ行

サギ………………17、18
ザリガニ…………………14、22
サンショウウオ …………8、12
巣…………14、16、25、26
スズメ……………………18
スッポン…………………10
すなぢゃわん………………29
すなはま …………28、29、30
藻類………………………8

た行

タニシ……………………8
食べあと…………………8
たまご…6、7、8、10、12、16、29
田んぼ……6、7、8、10、11、14、22、26、30
昼行性……………11、20
チョウセンイタチ …………22
鳥類……………………16、20
ツメタガイ…………………29
ツル………………………17
堤防………………………29
トカゲ……………………12
ドブネズミ…………………27

な行

ニホンイタチ………………22
ニホンカワウソ……………24
ニホンヒキガエル …………6
ヌートリア…………………24
ぬけがら …………………14
ネズミ……………………22、27

は行

ハタネズミ…………………27
は虫類……………………11、12
ハト………………………18
羽………………19、20、23
バン………………………17
ヒキガエル…………5、6、7
ヘビ………………12、26
ペリット…………20、29
ほ乳類……………22、26

ま行

ミシシッピアカミミガメ ………10
水かき………………16、17
ミンク……………………24
モリアオガエル ……………7

や行

夜行性 …………6、14、16、22
ヤマアカガエル ……………7
用水路…………8、14、30

ら行

卵のう ………………6、7、8
両生類……………………6、12

● 監修／小宮　輝之（こみや・てるゆき）

1947年東京都生まれ。1972年に多摩動物公園の飼育係になり、日本産動物や家畜を担当。多摩動物公園、上野動物園の飼育課長を経て、2004年から2011年まで上野動物園園長を務める。
主な著書に『くらべてわかる哺乳類』（山と渓谷社）、『日本の野鳥』『ほんとのおおきさ・てがたあしがた図鑑』（いずれも学研）など、監修に『フィールド動物観察』（学研）など多数。長年、趣味として動物の足型の拓本「足拓（あしたく）」を収集している。写真はアフリカゾウの足拓をとっているところ。

● 編集・デザイン／こどもくらぶ（中嶋舞子、原田莉佳、長江知子、矢野瑛子）

「こどもくらぶ」は、あそび・教育・福祉分野で子どもに関する書籍を企画・編集しているエヌ・アンド・エス企画編集室の愛称。図書館用書籍として、毎年100タイトル以上を企画・編集している。主な作品に「五感をみがくあそびシリーズ」全5巻（農文協）、「海まるごと大研究」全5巻（講談社）、「めざせ！ 栽培名人 花と野菜の育てかた」全16巻（ポプラ社）など多数。

> この本の情報は、2016年9月までに調べたものです。今後変更になる可能性がありますので、ご了承ください。

● 企画・制作

（株）エヌ・アンド・エス企画

● 編集協力

アマナイメージズ

● 写真協力

小宮輝之、アマナイメージズ、石井克彦、今森光彦、京都市動物園、草野慎二、洲脇清、関慎太郎、武田晋一、富山市ファミリーパーク、丹羽奎太、増田戻樹、松山龍太、三重県総合博物館、山本典暎 istylelife、node、PANDA、Tsusea / PIXTA

● おもな参考文献

小宮輝之監修『ポケット版学研の図鑑9 フィールド動物観察』、小宮輝之監修著『増補改訂フィールドベスト図鑑11 日本の哺乳類』、小宮輝之監修著『増補改訂フィールドベスト図鑑8 日本の野鳥』（以上学研）／小宮輝之著『くらべてわかる哺乳類』、企画室トリトン編著『ヤマケイジュニア図鑑5 水辺の生き物』（以上山と渓谷社）／小宮輝之著『哺乳類の足型・足跡ハンドブック』、小宮輝之・杉田平三著『鳥の足型・足跡ハンドブック』、熊谷さとし著・安田守写真『哺乳類のフィールドサイン観察ガイド』（以上文一総合出版）

クイズでさがそう！ 生きものたちのわすれもの　③水辺　　　　NDC481

2016年11月30日　　第1刷発行

監　修	小宮輝之	
編	こどもくらぶ	
発行者	水野博文	
発行所	株式会社 佼成出版社　〒166-8535　東京都杉並区和田2-7-1	
	電話　03-5385-2323（販売）　03-5385-2324（編集）	
印刷・製本	瞬報社写真印刷株式会社	

©Kodomo Kurabu 2016. Printed in Japan
佼成出版社ホームページ　http://www.kosei-kodomonohon.com/

32p 25cm×22cm
ISBN978-4-333-02742-2
C8345

本書の複写、スキャン、デジタル化等の無断複製は著作権法上での例外を除き禁じられています。
本書を代行業者等の第三者に依頼してスキャンやデジタル化することは、たとえ個人や家庭内の利用であっても、著作権法上認められておりません。
落丁、乱丁がございましたらお取り替えいたします。定価はカバーに表示してあります。

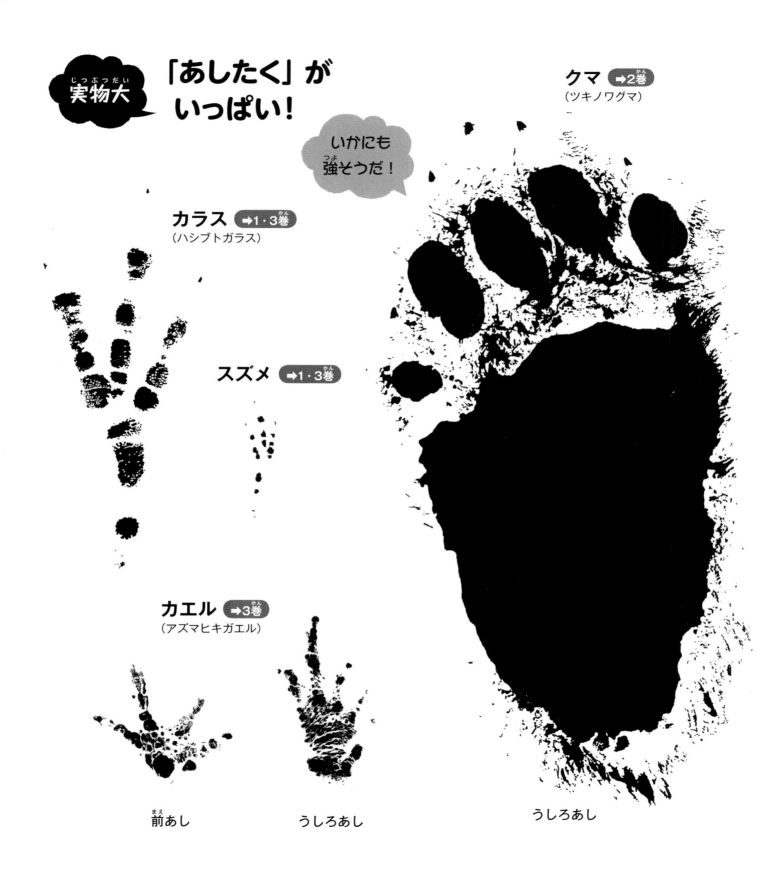